SUR LES PROPRIÉTÉS

DU

NERF LARYNGÉ SUPÉRIEUR

—

P. PICARD

12 Décembre 1880

—»>:0:<«—

LYON

IMPRIMERIE X. JEVAIN

Rue Sala, 42 et 44

SUR LES PROPRIÉTÉS

DU

NERF LARYNGÉ SUPÉRIEUR

P. PICARD

12 Décembre 1880.

EXPÉRIENCE I

Un chien jeune, faible, maigre, d'aspect misérable, très peu sensible, est fixé sur la gouttière à opérations.

Sa tête est immobilisée à l'aide du mors de Cl. Bernard.

Je fais à gauche une incision parallèle à la ligne des apophyses transverses des vertèbres et à un travers de doigt en avant.

Je découvre la branche externe du spinal et la suis en disséquant de bas en haut ; je coupe le muscle sterno-cleido-mastoïdien, au point où il est traversé par le nerf, et, faisant tirer en avant le bout inférieur du muscle, je continue à suivre le nerf et arrive sur le paquet vasculo-nerveux constitué par l'artère carotide et les nerfs pneumo-gastrique et sympathique réunis.

Après avoir ouvert la gaîne commune, je fais tirer l'artère en avant et sépare de bas en haut ce vaisseau du nerf.

Après avoir rencontré la branche descendante de l'hypoglosse, j'arrive sur le nerf laryngé supérieur et l'isole vers le point où il s'engage derrière l'artère. Je passe un fil sous ce filet nerveux et laisse l'animal tranquille.

A ce moment son pouls donne 34 pulsations à la demi-minute.

Quelques instants après, le pouls, compté de nouveau, donne 65 à la demi-minute, et ce chiffre reste sensiblement constant pendant plusieurs numérations successives.

Je lie alors le nerf laryngé et le coupe au-dessous de la ligature.

Cette opération détermine une plainte légère et une faible agitation très passagère. J'attends quelques secondes et excite alors le filet isolé avec le courant induit d'un appareil à chariot. Le courant employé est à peine perçu à la langue.

Cette intervention amène l'arrêt des mouvements respiratoires. Après la fin de l'excitation, le mouvement se rétablit et débute par une inspiration. L'animal est resté absolument calme pendant le passage du courant et n'a montré aucune réaction générale apparente.

Après un instant de repos, je répète l'excitation du nerf et porte mon attention sur les régions du larynx et sur le plancher buccal. J'observe alors pendant l'excitation des mouvements de déglutition continuels qui cessent après la cessation du passage du courant.

En touchant l'artère crurale avant et pendant l'excitation, je constate que dans cette dernière condition, le pouls est très ralenti.

Après avoir observé ces divers phénomènes plusieurs fois et avoir excité le pneumo-sympathique pour constater son influence sur les mouvements respiratoires chez cet animal favorable, j'enlève tous les fils et couds la plaie.

RÉFLEXIONS. — Cette expérience montre l'action du nerf laryngé sur la respiration sous sa forme type, telle qu'on l'observe chez les chiens peu sensibles, et qui ne montrent aucune réaction générale nette pendant l'excitation.

Elle indique en outre deux phénomènes sur lesquels l'attention ne semble pas s'être fixée jusqu'ici.

En premier lieu, l'excitation du nerf a changé le nombre des contractions du cœur.

En second lieu, elle a produit des mouvements de déglutition.

Les expériences qui suivent auront pour objet de commencer l'étude de ces deux particularités de la physiologie du laryngé supérieur.

EXPÉRIENCE II.

Le lendemain je fais chez le même chien une observation identique , c'est-à-dire que, je mets à nu les nerfs laryngés supérieurs et pneumo-gastrique du côté droit. Puis je lie et coupe le premier de ces nerfs.

Je mets en outre la cavité de l'artère crurale gauche en communication avec un manomètre convenablement disposé; puis je pratique l'excitation du nerf avec un courant d'intensité analogue à celui précédemment employé. Comme dans l'expérience précédente cette intervention ne détermine aucune réaction générale appréciable, elle suspend les mouvements respiratoires et immobilise le thorax en état expiratoire.

En outre, l'examen des indications fournies par le manomètre montre une chute de la pression moyenne, et une diminution considérable du nombre des sistoles.

Je laisse reposer l'animal, et excite le pneumo-sympathique non coupé et soulevé à l'aide d'un fil, et bien que j'emploie un courant plus fort je n'obtiens pas un ralentissement du pouls aussi prononcé, ni une chute de la pression aussi notable. Ce fait tendrait à prouver que les phénomènes observés n'étaient pas dus à des courants dérivés pendant l'excitation du laryngé.

Je coupe alors le pneumo-gastrique au-dessous de son union avec le nerf laryngé et répète l'excitation de ce dernier avec le courant primitif, cette intervention détermine un léger abaissement de la pression et une diminution du nombre des sistoles cardiaques.

Au moment où je cesse de faire traverser le nerf par le courant, la pression s'élève brusquement, et redescend ensuite lentement à la valeur qu'elle avait avant l'excitation.

J'insiste sur cette particularité que ces effets ont été obtenus l'animal étant calme comme pourrait l'être un chien anesthésié.

Et j'ajoute que pendant chaque excitation j'ai constaté des mouvements de déglutition incessants, absolument comme dans l'expérience I.

Réflexions. — Cette expérience montre les phénomènes signalés déjà dans la précédente ; elle montre en outre que l'excitation du laryngé peut déterminer un abaissement de la pression accompagnant le ralentissement du cœur. Ces effets se sont produits du reste même après la section du pneumo-gastrique, et alors qu'on avait, autant que possible, évité l'action des courants dérivés sur ce dernier nerf.

EXPÉRIENCE III.

Je vais relater maintenant une expérience se rapportant à un animal qui présentait par son organisation même des conditions expérimentales absolument différentes.

Il s'agit d'un chien de chasse, caressant, très vigoureux, très sensible, vif et intelligent.

Après l'avoir fixé sur la gouttière et d'avoir, à gauche, opéré suivant le mode opératoire décrit, je liai et coupai le nerf laryngé supérieur.

L'animal, qui avait constamment plaint pendant l'opération et qui s'était violemment agité, montra une réaction intense au moment de la ligature du nerf. Je le laissai reposer, puis pratiquai l'excitation induite, avec un courant non perçu à la langue.

Au moment où le courant commença à traverser le nerf, l'animal poussa des cris, s'agita furieusement et montra une agitation respiratoire parallèle à celle que manifestaient les muscles de ses membres, etc.

L'excitation soutenue du nerf fut absolument impraticable.

L'expérience devenait impossible à suivre si je ne trouvais pas un moyen de diminuer les phénomènes de réaction générale.

Je me décidai alors à chercher cet effet en affaiblissant l'animal. Je lui fis une forte hémorrhagie, le laissai reposer quelques instants, puis repris mon expérience dont je vais simplement transcrire la suite d'après mon cahier.

Je commence à exciter le nerf de nouveau avec le courant précédemment employé. Au début de l'excitation. j'observe quelques plaintes et encore un peu d'agitation ; pu's l'animal se calme et la respiration s'arrête. En même temps se produisent des mouvements continuels de déglutition.

Je répète plusieurs fois avec les mêmes résultats.

J'étudie alors les effets circulatoires, à l'aide d'un manomètre mis en rapport avec l'artère crurale. Cette observation ne fournit pas des résultats comparables, comme netteté, à ceux de l'expérience II.

En effet, après une légère ascension de la pression, qui accompagne l'agitation de début, j'observe seulement une très faible diminution accompagnant l'arrêt de la respiration.

Après un repos. je porte mon attention sur le nombre des sistoles et compte le pouls avant et pendant l'excitation. Je constate que, dans ce cas également, le nombre en est très diminué pendant l'excitation.

En répétant plusieurs fois l'expérience, je constate toujours le ralentissement des battements du cœur et des variations de pression complexes en plus ou en moins, difficiles à relier à des causes bien définies.

Je sectionne alors le pneumo-gastrique, et en pratiquant l'excitation du laryngé, je constate que le ralentissement du pouls se produit encore.

RÉFLEXIONS — Cette expérience montre des phénomènes, à l'apparence première, différents de ceux des précédentes, et il faut signaler qu'en effet les phénomènes de réaction générale peuvent masquer les faits que je veux mettre en lumière, exactement comme ils cachent l'action respiratoire des nerfs laryngé et pneumo-gastrique.

Il faut absolument, dans ces études, éviter que les effets spéciaux ne soient dominés par les phénomènes moteurs généraux, résultant de la douleur perçue.

On voit, du reste, que dans l'expérience deux phénomènes ont persisté dans leur netteté : les mouvements de
déglutition ont continué de se produire et le ralentissement du pouls a persisté.

EXPÉRIENCE IV

Chien gras, peu sensible, opéré du côté gauche, plaint peu
et s'agite à peine pendant l'opération.

Je lie et sectionne le nerf laryngé supérieur.

Après quelques minutes de repos, j'excite le nerf avec un
courant plus intense que celui employé dans l'expérience
précédente.

L'animal ne plaint ni ne s'agite ; sa respiration se suspend,
des mouvements incessants et violents de déglutition se produisent ; et le nombre des battements de l'artère crurale
diminue de plus nettement. (Faible diminution de pression
constatée avec un simple manomètre à mercure.)

Je laisse alors reposer l'animal et compte le pouls qui donne
110 pulsations à la minute, j'excite le nerf. Ce nombre, pendant l'excitation, s'abaisse à 28.

Je sectionne le pneumo-gastrique ; le ralentissement du
pouls se produit encore pendant l'excitation du laryngé, ainsi
que les mouvements de déglutition.

J'examine alors la gueule de l'animal et, excitant le laryngé,
je la vois se remplir de salive.

Je coupe la joue et mets ainsi à jour l'intérieur de la gueule
et j'excite le nerf de nouveau, je vois alors des gouttes de salive se former en divers points sur les gencives, etc., et mani-
fester nettement l'activité des glandules salivaires pendant
l'excitation du nerf laryngé.

Je répète cette dernière observation, toujours avec un résultat
identique.

Réflexions. — Cette expérience montre un phénomène
nouveau d'une netteté parfaite, c'est la sécrétion des glan-

dules salivaires de la gueule, provoquée par l'excitation du nerf (bout central).

En conséquence, déjà, de cette observation, la question se pose de savoir si les mouvements de déglutition observés sont un résultat immédiat de l'excitation du nerf, ou s'ils ne sont pas simplement provoqués par l'arrivée à l'arrière-gorge de l'abondante quantité de salive qui, secrétée, tombe dans la gorge, vu la position de la tête de l'animal.

EXPÉRIENCE V

Jeune chien, griffon, très sensible.

Je mets à nu le nerf laryngé gauche, je le sectionne et le lie. Cette opération amène une violente agitation et des plaintes vives. Je laisse reposer l'animal, puis excite le nerf avec un courant imperceptible à la langue ; des mouvements violents se produisent, l'animal plaint ; la respiration est accélérée, irrégulière. Des mouvements de déglutition se produisent et des éternuements bruyants pendant lesquels de la salive est projetée entre les arcades dentaires.

Après avoir fait, fort péniblement, cette observation, je songe à diminuer la sensibilité de l'animal et les mouvements volontaires provoqués par la douleur.

J'injecte pour cela sous la peau 5 centig. de chlorhydrate de morphine dissous dans 5 cent. cubes d'eau, et attends que l'animal soit empoisonné.

Après 20 minutes, le pouls qui a baissé graduellement, donne 25 pulsations à la demi-minute, et après quelques minutes, ce nombre étant resté le même et l'animal montrant d'ailleurs les autres phénomènes du morphinisme, je reprends l'expérience.

J'excite le nerf laryngé avec le même courant employé au début, et je constate que la respiration se suspend, que les mouvements continus de déglutition se produisent. Ces phénomènes sont seulement interrompus par instants par une plainte sourde et légère.

Je coupe alors le pneumo-gastrique, et quelques minutes après, le pouls donnant 33 pulsations à la demi-minute et ce chiffre restant sensiblement fixe, j'excite le nerf laryngé avec un courant bien perceptible à la langue.

La respiration se suspend, des mouvements incessants de déglutition se produisent et le nombre des pulsations devient 15 à la demi-minute.

Je cesse l'excitation, et le pouls remonte à 33.

RÉFLEXIONS. — Cette expérience montre, comme les précédentes, les mouvements de déglutition et la chute du pouls, suivant l'excitation des nerfs laryngés supérieurs.

Elle conclut sous ce rapport comme l'ont fait les précédentes.

Elle montre de plus que si les phénomènes sont masqués par une agitation générale, on peut les faire réapparaître dans leur netteté, ainsi du reste que l'action respiratoire, en diminuant par la morphine la sensibilité perçue. Du reste, la projection de salive entre les arcades dentaires diminuant la rapidité des mouvements de déglu·tition, on peut déjà en inférer que les mouvements de déglutition étaient au moins, en partie, dans les expériences rapportées, dus à l'arrivée de la salive dans l'arrière-gorge.

EXPÉRIENCE VI

Grand chien, sensible, à poils droits et rudes.

Je mets à nu le conduit excréteur de la glande sous-maxillaire et introduis un tube salivaire dans sa cavité.

La salive coule lentement par ce tube.

Je mets alors à découvert le nerf laryngé supérieur et l'excite avec un courant très faible. La quantité de salive fournie par la glande n'augmente pas notablement sous cette influence.

Je laisse reposer l'animal, puis je répète l'excitation avec un courant plus intense. Pendant l'excitation, le tube salivaire fournit une quantité de salive beaucoup plus abondante ; les gouttes se succèdent sans interruption.

Je répète plusieurs fois et obtiens toujours le même résultat avec une netteté parfaite.

Du reste, pendant le passage du courant, des mouvements de déglutition se produisent, et une salive abondante remplit la cavité buccale.

Après avoir laissé reposer l'animal, je sectionne le nerf lingual et constate que la salive cesse de couler par le tube. J'excite alors le nerf laryngé et constate qu'un écoulement abondant se produit pendant l'excitation. En même temps les plaies saignent et sont couvertes par un sang rouge vif.

Je coupe alors le pneumo-sympathique et excite son bout central : la salive coule alors par le tube, mais moins abondamment que pendant l'excitation du laryngé. A ce moment je coupe la corde du tympan, et après cette opération, l'excitation des nerfs laryngé et pneumo-gastrique cesse de produire l'écoulement de salive.

RÉFLEXIONS. — Cette expérience démontre que l'excitation du laryngé supérieur détermine l'activité de la glande salivaire ; cette action du nerf est, du reste, absolument identique à celle du lingual.

Je rappellerai, du reste, ce fait, que toujours l'excitation des nerfs sensibles qui impressionnent, en les activant, les sécrétions salivaires, provoque une dilatation vasculaire, et que ce n'est plus là un fait sur lequel il soit nécessaire d'appeler l'attention.

Je signalerai aussi que l'action du pneumo-gastrique sur la secrétion sous-maxillaire est un fait déjà connu dans la science.

Avant de donner la dernière expérience que je veuille faire connaître en ce moment, je dirai que je n'ai pas, en étudiant la secrétion parotidienne, observé une action parfaitement nette des nerfs laryngés supérieurs, et que je me réserve de faire encore quelques observations avant de me faire et d'émettre une opinion arrêtée.

EXPÉRIENCE VII

Le même chien étudié en VII.

Je mets à nu le canal de sténon et y introduit un tube salivaire ; je mets également à nu le nerf pneumo-gastrique, le coupe et lie son bout central.

Cette opération a porté sur le côté droit du corps respecté dans l'expérience précédente :

Le conduit parotidien ne fournissant aucune goutte de salive, j'excite le nerf vague et vois nettement, sous cette influence, le conduit fournir du liquide, (salive parotidienne avec ses caractères ordinaires).

Je répète plusieurs fois avec même résultat.

RÉFLEXIONS. — Cette expérience montre que le nerf vague peut, lorsqu'on l'excite, mettre en action la glande parotide, comme il fait la glande sous-maxillaire.

CONCLUSIONS GÉNÉRALES

De ces quelques expériences types que je me borne à publier, on peut conclure avec toute certitude :

1° Que l'excitation des nerfs laryngés détermine l'activité des glandes sous-maxillaires et des glandes buccales, et qu'il est, par ces propriétés, un nerf analogue au lingual ;

2° Que cette excitation retentit sur le cœur et détermine des modifications circulatoires que je préciserai dans une nouvelle publication.